BEI GRIN MACHT SICH IHR WISSEN BEZAHLT

- Wir veröffentlichen Ihre Hausarbeit,
  Bachelor- und Masterarbeit

- Ihr eigenes eBook und Buch -
  weltweit in allen wichtigen Shops

- Verdienen Sie an jedem Verkauf

Jetzt bei www.GRIN.com hochladen
und kostenlos publizieren

GRIN

Impressum:

Copyright © 2010 GRIN Verlag, Open Publishing GmbH
Druck und Bindung: Books on Demand GmbH, Norderstedt Germany
ISBN: 9783668391086

Dieses Buch bei GRIN:

http://www.grin.com/de/e-book/176983/die-kartoffel-als-nutzpflanze-biologie-
klasse-5

Patrick Schuller

Die Kartoffel als Nutzpflanze (Biologie, Klasse 5)

GRIN Verlag

Ausführlicher Unterrichtsentwurf zum Thema

Die Kartoffel als Nutzpflanze kennenlernen

Name:	XXX
Schule:	GHRS XXX
Klasse:	5
Fach:	Materie, Natur, Technik (MNT)
Mentor:	XXX
Datum:	20.07.2010, 8.20 - 9.05 Uhr

Inhaltsverzeichnis

1 Bedingungsanalyse

1.1 Die Schule

Die XXX ist eine Grund-, Haupt- und Realschule mit derzeit 551 Schülern. Das Einzugsgebiet der Grundschule umfasst lediglich die Ortschaft XXX, wohingegen Schüler der Hauptschule auch aus den umliegenden Ortschaften XXX und XXX kommen, Schüler der Realschule auch aus den Orten XXX, XXX, XXX und XXX. Die Lage auf der Schwäbischen Alb, mit einer Entfernung von etwa 20 km zur Stadt XXX, kann als ländlich und ruhig bezeichnet werden.

Die Hauptschule setzt sich aus fünf Klassen mit insgesamt 81 Schülern zusammen, was einem Durchschnitt von 16,2 Kindern pro Klasse entspricht.

Räumlich besteht die Schule aus mehreren Gebäuden, in denen die verschiedenen Schularten untergebracht sind. Im Gebäude B2, in dem die Klasse 5 unterrichtet wird, befinden sich vier Klassenzimmer, eine Küche sowie Lehrer- bzw. Schülertoiletten.

Der Klassenraum der Klasse 5 ist für die Anzahl der Schüler groß genug, wobei durch die frontale Sitzordnung wenig Platz für einen Sitzkreis oder ähnliches vorhanden ist.

1.2 Zur Situation der Klasse

Die Klasse 5 besteht aus insgesamt 13 Kindern, davon 4 Mädchen und 9 Jungen. Durch die geringe Anzahl an Schülern ist es dem Lehrer in Lernphasen sehr gut möglich, individuelle Betreuung anbieten.

Aufgrund des niedrigen Mädchenanteils in dieser Klasse, lässt sich die Sozialstruktur in zwei Teile untergliedern. So gibt es eine Gruppe, der prinzipiell alle Jungen angehören und eine Gruppe, die aus den Mädchen – und gelegentlich XXX P. bzw. XXX K. besteht. Dies zeigt sich beispielsweise auch in der räumlichen Trennung während fünf-Minutenpausen, in denen meist alle Jungen Fußball spielen und die Mädchen sich im Klassenzimmer oder auf dem Gang aufhalten. Während beim Fußball in der Regel alle Jungen gemeinsam spielen, lässt sich diese Zusammengehörigkeit im Unterricht oftmals nicht wieder herstellen. Es gibt viele Abneigungen gegeneinander, speziell wenn es um Gruppen- bzw. Partnerarbeit geht – hierbei wird sehr oft Bugra K. ausgegrenzt. Obwohl diese Sozialformen im Unterricht häufig Anwendung finden, kann dies immer wieder durch Kleinigkeiten zu einer kompletten Dissonanz der Gruppe führen.

Weiterhin ist auffällig, dass Arbeitsphasen nur in einem sehr kurzem zeitlichen Rahmen möglich sind, da schnell Unruhe herrscht und damit ein Konzentrationsverlust einhergeht, der soweit führen kann, dass Schüler gelangweilt durch das Klassenzimmer gehen, um bspw. „etwas zu trinken" oder „einen Bleistift zu spitzen".

Der Leistungsstand, speziell im Fach MNT, lässt sich in der Klasse als heterogen beschreiben. Es gibt einige Schüler, die sehr viel Vorwissen zu verschiedenen Themengebieten mitbringen, was meist durch wissenschaftliche Fernseh-sendungen, wie Galileo oder ähnliche, angereichert wird. Andere Kinder wiederum haben oftmals kaum Kenntnisse über einen Sachverhalt, was das Zusammenführen der Wissenslevels zu Beginn einer Unterrichtseinheit notwendig macht.

Auch sind die Unterschiede der Klasse im Arbeitstempo enorm. Einige Schüler, vor allem XXX F., brauchen sehr lange, bis sie eine Arbeit beginnen und sie dann konzentriert bearbeiten. Vor allem bei Texten fällt es der Klasse schwer, Informationen herauszunehmen und diese wiederzugeben. Diese Kompetenz soll durch die Unterrichtssequenz weiter geübt werden.

2 Sachanalyse

2.1 Die Pflanze

Die Kartoffel (lat. Solanum tuberosum) ist eine Nutzpflanze und wird in die Familie der Nachtschattengewächse eingeordnet. Im Gegensatz zu den anderen Nutzpflanzen, isst man die unterirdischen Sprossknollen und nicht die das Alkaloid Solanin enthaltenden und damit giftigen Früchte. Diese Sprossknollen werden, in Anlehnung an den italienischen Begriff für Trüffel („tartuffoli"), heute im deutschen Kartoffel genannt. Die Früchte dienen lediglich der Samenproduktion und damit der geschlechtlichen Vermehrung der Pflanze.

Allgemein sind Kartoffeln aufrecht oder kletternd wachsende Kräuter, die bis zu einem Meter hoch werden können. Die Sprossachse zeichnet sich durch einen vierkantigen oder geflügelten Stängel aus. Unter der Erde bildet der Spross farblose Stolone, dessen Ende sich zu Knollen verdicken können. Diese verdickte Sprosse ohne Blätter werden Kartoffeln genannt.
Die grünen Blätter der Pflanze sind unpaarig gefiedert und werden zwischen 10 und 30 cm lang bzw. 5 und 15 cm breit. Die einzelnen Fiederblätter sind behaart, stehen sich wechselständig gegenüber und können von unterschiedlicher Größe sein.
Die Blüten der Kartoffel stehen in trugdolden Blütenständen mit einem kurzen Blütenstil und einem etwa 5 bis 15 cm langen behaarten Blütenstandsstiel. Die Krone hat einen Durchmesser von bis zu 4 cm, wobei die Kronblätter eine weißliche bis blaue Färbung aufweisen.[1]
Die Keimung der Kartoffel erfolgt überirdisch, d.h. das Hypokotyl streckt sich, sodass die Keimblätter als erste Organe oberhalb der Erde ergrünen. Es treiben Achselknospen aus, die wieder in die Erde eindringen und plagiotrop zu Stolonen weiterwachsen. Diese Stolonen verdicken sich am Ende und werden zu Sprossknollen mit kleinen Blättern, die abfallen und so genannte Blattnarben zurücklassen. In den Achseln dieser Blattnarben sitzen die „Augen" (Knospen) der Knolle, aus denen je nach Temperatur, wieder ausgetrieben wird. Die Knolle dient

---

[1] Vgl. Praktische Einführung in die Pflanzenmorphologie S. 226 - 230

hierbei als Speicherorgan für die Überwinterung und beinhaltet „je nach Sorte 10- 30% Stärke, 65-80% Wasser, 2% Proteine und ca. 1% Mineralstoffe."[2]

2.2 Anbau

Um optimale Bedingungen für den Kartoffelanbau zu schaffen sind Temperaturen im Tagesmittel von 18-20°C geeignet, da dies die Knollenbildung fördert. Bei Temperaturen unter 10°C oder über 30°C, stellt die Pflanze das Wachstum fast völlig ein. Man unterscheidet ferner drei verschiedene Sorten:

- Frühe Kartoffeln, die nach 90 bis 120 Tagen geerntet werden
- Mittlere Kartoffeln, die nach 120 bis 150 Tagen geerntet werden
- Späte Kartoffeln, die nach 150 bis 180 Tagen geerntet werden

Der private Kartoffelanbau beginnt in der Regel ab Mitte Mai mit der Pflanzung des Beetes – je nachdem welche Sorten und Knollen verwendet werden, muss die Pflanzweite zwischen 30 und 35 cm eingehalten werden. Der Boden sollte trocken und locker sein und die Knolle mittig in der Furche platziert werden. Sobald die Knollen treiben und die ersten Laubtriebe zu sehen sind, kann damit angefangen werden, den Damm anzuhäufen, damit die Sprossknollenbildung besonders angeregt wird. In regelmäßigen Abständen sollte das Unkraut entfernt und die Pflanze gedüngt werden, da diese immer mit genügend Stickstoff, Kalium und Magnesium versorgt werden sollte. Im Juli oder August können dann die einzelnen Sorten geerntet werden, je nachdem ob die krautigen Teile der Kartoffel schon welken (Frühkartoffeln) oder ob das Laub schon welk ist (Spätkartoffeln).

2.3 Vorkommen

Kartoffeln kommen in unserem täglichen Leben in verschiedenen Formen und Qualitäten vor. Beim Essen treffen wir auf Speisekartoffeln, wobei man hier nach den jeweiligen Kocheigenschaften unterscheiden kann. So differenziert man beispielsweise zwischen festkochenden Kartoffeln, die unter anderem für Bratkartoffeln oder Kartoffelsalat verwendet werden, und mehlig kochenden Kartoffeln, die hingegen bei Kartoffelpüree oder Eintöpfen ihre Anwendung finden.

---

[2] Einblicke 1, Lehrerband S. 152

2.4 Herkunft

„Die Heimat der Kartoffel ist das Hochland von Peru und Bolivien (Südamerika)."[3]
Sie wurde am Anfang des 16. Jahrhunderts von Seefahrern aus Spanien durch die
Niederschlagung der Inkas mit nach Europa gebracht. Allerdings wurde die
Kartoffel erst ab 1621 in Deutschland angepflanzt, jedoch lediglich als Zierpflanze
wegen ihrer schönen Blüten und der vielen Blätter. Erst als Kaiser Friedrich II
seine Hofbeamten um 1745 zum Kartoffelessen in sein Schloss einlud, erhielt die
Kartoffel auch als Nutzpflanze und Lebensmittel eine immer größere Bedeutung.
Zunächst weigerten sich die Bauern, die Kartoffel aufgrund ihrer Giftigkeit
anzupflanzen, da dies ein zu großes Risiko mit sich brachte, woraufhin der König
den Kartoffelanbau überwachen lassen und die geernteten Kartoffeln kontrollieren
musste. Der endgültige Durchbruch erfolgte mit dem Siebenjährigen Krieg (1756 -
1763), da die hungernde Bevölkerung die Kartoffel als wichtiges
Grundnahrungsmittel in ihren Alltag aufnahm.

---

[3] Schulbuch: Materie, Natur, Technik 1 S. 133

3 Didaktische Analyse

3.1 Bildungsplanbezug

Als eine der zentralen Aufgaben des Fächerverbunds Materie, Natur, Technik nennt der Bildungsplan den Inhalt „Belebte Welt"[4]. Das Stundenthema „Die Kartoffel als Nutzpflanze kennenlernen" lässt sich folgender übergeordneten Kompetenz zuordnen: „Die Schüler und Schülerinnen kennen und bestimmen heimische Wild- und Nutzpflanzen".

Eine weitere überfachliche Kompetenz dieser Unterrichtssequenz ist „die bewusste Mitteilung des Gelernten an andere (Präsentation)".[5]

3.2 Bedeutung des Themas für die Schüler

Die Kartoffel als Thema dieser Unterrichtssequenz ist den Schülern durch ihr tägliches Leben vertraut. Die genauere Betrachtung der einzelnen Facetten rund um die Kartoffel (Herkunft, Anbau, Pflanze und Vorkommen), soll den Kindern noch deutlicher aufzeigen, wo und in welchem Ausmaß sie mit der Kartoffel fast jeden Tag in Kontakt kommen. Möglicherweise haben sie sogar schon selbst ein Gericht mit Kartoffeln gekocht und können daher eigene Erfahrungen mit dem theoretischen Hintergrund verknüpfen.

Darüber hinaus wäre es wünschenswert, wenn in anderen Fächerverbünden das Thema „Gesunde Ernährung" auch in Bezug auf die Kartoffel aufgegriffen und beispielsweise anhand der Nahrungsmittelpyramide der Unterschied zwischen gesunder Salzkartoffel und ungesunden Chips weiter vertieft werden würde.

---

[4] Bildungsplan 2004 Baden-Württemberg, Haupt- und Werkrealschule S. 120
[5] Bildungsplan 2004 Baden-Württemberg, Haupt- und Werkrealschule S. 16

3.3 Einbettung der Stunde in die Unterrichtseinheit

DATUM	STUNDENINHALT
16.07.10	Getreide als Nutzpflanze kennenlernen – Plakat gestalten
20.07.10	**Die Kartoffel als Nutzpflanze kennenlernen**
23.07.10	Plakat zur Kartoffel gestalten

3.4 Vorkenntnisse der Schüler

Ich gehe davon aus, dass die Kinder die Kartoffelknolle als solche kennen und bereits einmal gesehen haben. Die einzelnen Themenbereiche der Unterrichtssequenz (Herkunft, Anbau, Pflanze und Vorkommen) sind höchstwahrscheinlich mit sehr unterschiedlichem Vorwissen behaftet.

Im Zusammenhang mit der Herkunft der Kartoffel ist davon auszugehen, dass die Schüler hierüber keine Kenntnisse haben, außer eventuell Jonas R., der immer wieder ein erstaunliches Vorwissen mitbringt.

Auch die Informationen zum Aufbau der Pflanze und den verdickten, unterirdischen Sprossknollen dürften für die Schüler neu sein.

In Anbetracht der ländlichen Wohnsituation vieler Kinder, könnten einige von ihnen mit dem Anbau der Pflanze hingegen schon eigene Erfahrungen gemacht haben – sei dies durch das Beobachten bei den Eltern im Garten oder sogar durch eigenes Pflanzen einer Kartoffel.

Beim Thema Vorkommen in unserer täglichen Umwelt sollten alle Kinder eine gewisse Vorstellung haben bzw. Beispiele nennen können, in welcher Form sie Kartoffeln mehr oder weniger sichtbar zu sich nehmen.

3.5 Didaktische Reduktion

Die Materie der Nutzpflanzen ist im Rahmen einer Thematisierung im Unterricht sehr umfangreich, da hierbei unterschiedlichste Pflanzen näher betrachtet werden können, wie etwa Getreide, Mais, Zuckerrüben oder Heil- und Giftpflanzen.

Ich habe mich dazu entschieden, das Thema am Beispiel der Kartoffel bzw. des Getreides zu behandeln, da die jeweiligen Produkte der Pflanzen im täglichen Leben der Kinder eine große Rolle spielen.

Als Einstieg für diese Unterrichtssequenz soll eine Expertenaneignung zu je einem Themenbereich durchgeführt werden, wobei die dadurch gewonnenen Informationen den Mitschülern in Form einer kleinen Präsentation vorgestellt werden sollen. Durch diese Methode sind alle Schüler für das Wissen der anderen verantwortlich und werden sich daher bemühen, die Ergebnisse verständlich und klar zu veranschaulichen.

Im Anschluss daran, wird ein Plakat – ähnlich wie bei der Unterrichtseinheit zum Getreide – erstellt und als Wandzeitung im Klassenzimmer aufgehängt. Die Mindmap-ähnliche Struktur der Wandzeitung hilft den Schülern im weiteren Verlauf dieser Lerneinheit an die neu erworbenen Kenntnisse anzuknüpfen und ein individuelles Wissensnetzwerk zu erstellen.

Alternativ zu diesem Vorgehen könnte man die Kartoffel mit einer Lupe untersuchen und die „Augen", die Knospe, die Rinde und den Nabel entdecken. Weitere beliebte Schülerversuche in diesem Zusammenhang sind der Stärkenachweis mit Iod und der Nachweis von Vitamin C mit einem Teststäbchen.

3.6 Unterrichtsziele

Abgeleitet aus den Kompetenzen im Bildungsplan 2004 ergeben sich folgende Unterrichtsziele:

Die Schülerinnen und Schüler
- lernen die Herkunft, Pflanze, den Anbau und das Vorkommen der Kartoffel kennen
- üben das Präsentieren ihrer Ergebnisse am OHP

4 Methodische Analyse

4.1 Einstieg

Nach der Begrüßung und Vorstellung des Gastes, werde ich die Kinder im Sitzkreis vor der Tafel versammeln. Ich werde sie bitten, die Augen zu schließen und jedem von ihnen einen Kartoffelchip in den Mund geben, wonach sich die Schüler melden und der Gruppe mitteilen sollen, was sie zu essen bekommen haben. Damit wird das Thema der Stunde genannt, im Rahmen dessen die Kinder bereits ein erstes Kartoffelprodukt mit verschiedenen Sinnen wahrnehmen konnten.

Optional könnte man auch frontal einsteigen und eine Agenda mit Punkten zeigen, die den Verlauf der Stunde veranschaulicht.

4.2 Organisationsphase

Im Anschluss an das Probieren eines Kartoffelproduktes wird das weitere Vorgehen besprochen. Dabei wird die besondere Form der Gruppenarbeit vorgestellt, bei der jede Gruppe zu Experten für ihr jeweiliges Thema wird und die Gruppenmitglieder die Aufgabe haben, dieses Wissen den anderen mitzuteilen – in diesem Fall anhand einer kleinen Präsentation am OHP. Um die einzelnen Gruppen einzuteilen, werden Lose mit dem entsprechenden Themenbereich gezogen, wie etwa Herkunft oder Anbau. Während die Lose reih um verteilt werden, werde ich die Gruppenarbeitsplätze vorbereiten, d.h. jeweils zwei Tische zusammenschieben und darauf ein Kärtchen mit dem jeweiligen Gruppenthema platzieren. Sobald alle Lose verteilt worden sind, wird ein zeitlicher Rahmen abgesteckt, wann alle Gruppen mit der Bearbeitung ihres Themas spätestens fertig sein sollen, um mit der Präsentation beginnen zu können.

Hinsichtlich des Vorgehens bieten sich hierbei vielfältige Alternativen an, da die Organisationsphase stark von der gewählten Methode abhängt. Wenn in dieser Unterrichtssequenz beispielsweise nur ein Teilbereich dieses Themas erarbeitet wird, so sind unter Umständen keine Gruppen und damit keine Organisation der Gruppenarbeitsplätze nötig.

4.3 Arbeitsphase

Die Arbeitsphase läuft nach der für das Gruppenpuzzle üblichen Form ab: Zu Beginn arbeiten die Kinder in Expertengruppen, d.h. sie bearbeiten einen bestimmten Bereich des Themas intensiv durch verschiedene vorstrukturierte Materialien. Die zu vermittelnden Lerninhalte werden dabei in etwa vier gleich große Bereiche aufgeteilt und kategorisiert.

So bearbeitet eine der vier Gruppen das Themengebiet der Herkunft der Kartoffel. In diesem Zusammenhang wird ein Atlas benötigt, indem die Schüler nachschauen müssen, welchen Weg die Kartoffel von ihrem Ursprungsgebiet bis zu ihrer Ankunft in Deutschland zurückgelegt hat. Darüber hinaus sollen sie die fünf größten kartoffelproduzierenden Länder in der Weltkarte farblich markieren.

Eine weitere Kategorie ist der Anbau von Kartoffeln. Hier besteht die Aufgabe der Kinder darin, fünf Anbauschritte der Kartoffel mithilfe von Bildern in die richtige Reihenfolge zu bringen und den dazu passenden Text den Bildern zuzuordnen.

Die Pflanze der Kartoffel als drittes Schwerpunktthema, soll anhand einer schematischen Zeichnung bearbeitet werden. Ein Lückentext greift die Beschriftungen der Schemazeichnung auf, die entsprechend eingesetzt werden müssen. Danach soll die Pflanze, wie im Buch zu sehen ist, in den passenden Farben angemalt werden.

Die vierte Kategorie beschäftigt sich mit dem Vorkommen der Kartoffel im Alltag der Schüler. Dafür soll ein kleines Memory, bestehend aus neun Teilen, erstellt werden. Die Bilder werden den Begriffen zugeordnet und passend in das Heft geklebt. Die Aufgabe der Schüler, sich hierzu weitere Beispiele zu überlegen, wo Kartoffeln vorkommen und diese aufzuschreiben, kann als differenzierter Schluss dieses Expertenthemas gesehen werden.

Nach der Arbeitsphase wird das Gruppenpuzzle in etwas modifizierter Form angewandt. Statt in den Austausch mit Vertretern der anderen Puzzlegruppen zu gehen, sollen die Schüler in der Vermittlungsphase das Erlernte präsentieren.

Alternativ hierzu könnte man eine Lerntheke anbieten, in der jeder Schüler alle Arbeitsblätter „durchlaufen" muss, um anschließend für alle Themen Experte zu sein.

4.4 Präsentation

Bei der Präsentation werden die vier Themengebiete im Klassenplenum von jeweils einem Gruppenmitglied vorgestellt, sodass anschließend jeder über alle Bereiche rund um die Kartoffel Bescheid weiß.

Da die Arbeitsgeschwindigkeit der Schüler in dieser Klasse, wie bereits erwähnt, sehr unterschiedlich ist, kann es durch die zufällige Mischung der Gruppe durchaus sein, dass ein Schüler schon fast fertig ist, während andere Kinder erst mit der Aufgabe begonnen haben. Um dann aufkommende Langeweile und damit Unruhe in der Klasse zu vermeiden, dürfen diese Kinder schon einmal die Präsentation vorbereiten. Dennoch besteht der Kerngedanke dieses Vorgehens darin, dass alle Teilnehmer für das Gelingen des Gesamtprozesses gleichermaßen verantwortlich sind.

Auch ist diese Form der Präsentation ein wichtiger Bestandteil für den Lernerfolg, denn durch die aktive Wiedergabe des angeeigneten Wissens kann dieses besser verarbeitet werden. „Zudem erleben sich Lernende in dieser Verantwortung als wirksam, sind dadurch mehr motiviert und das führt zumeist zu einem größeren Lernerfolg."[6]

Alternativ zur Präsentation könnte man das Gruppenpuzzle in seiner ursprünglichen Form weiterführen – im Anschluss an die Arbeitsphase würde in diesem Fall der Austausch in Puzzlegruppen mit je einem Vertreter der Expertengruppen stattfinden.

---

[6] Lernumgebungen erfolgreich gestalten S. 54

5 Verlaufsplanung

Klasse:	Thema:		Fach
5	Die Kartoffel als Nutzpflanze kennenlernen		MNT
Ziele und Kompetenzen: • SuS lernen die Herkunft, Pflanze, den Anbau und das Vorkommen der Kartoffel kennen • SuS üben das Präsentieren ihrer Ergebnisse am OHP			**Mentor:** XXX **Lehrer:** XXX
Zeit:	**Inhaltliche Gliederung:**	**Didaktischer / Methodischer Hinweis:**	**Sozialform:**	**Medien:**
8.15 Uhr	**Begrüßung** - der Kinder + Besuch			
8.17 Uhr	**Einstieg** - Geschmacksprobe eines Kartoffelproduktes	<u>Wichtig:</u> „Alle machen die Augen zu" „Keiner schreit rein, was es ist! Wir melden uns, wenn alle probiert haben!"	Sitzkreis	Schüssel, Chips
8.25 Uhr	**Arbeitsanweisung** - Erklärung der Gruppenarbeit: Experten - Ankündigung der Präsentation zum Abschluss - Lose ziehen	→ Gruppenplätze vorbereiten		Lose, AB
8.28 Uhr	**Arbeitsphase** - Jeder bearbeitet das AB - wer fertig ist bekommt die Folie		GA	Atlas, Folienstifte, Schere, Heft
8.45 Uhr	**Präsentation** - Jeweils ein Experte präsentiert die Ergebnisse	→ 8.40 Uhr: Gruppen mit Folien versorgen	Präsentation	OHP, Folien
9.05 Uhr	**Stundenende**	→ AB in Heft		

6 Literatur

Troll, W. (1954): Praktische Einführung in die Pflanzenmorphologie. Erster Teil. VEB Gustav Fischer Verlag, Jena. S. 226- 230

Beck, H., Hajszan, U., Herzer, U., Lang, A., Kalusche, D. (2004): Einblicke 1. Materie, Natur, Technik. Lehrerband. Erst Klett Verlag, Stuttgart.

Gaßler, H., Gepperth, K., Heepmann, B., Kleesattel, W., Schopfer, H., Schröder, W. (2004): Materie, Natur, Technik 1. Cornelsen Verlag, Berlin.

Wahl, D. (2006): Lernumgebungen erfolgreich gestalten. Klinkhardt, Bad Heilbrunn.

Baurle, W., Beuren, A., Bohm, I., et al. (2004): Prisma NWA 5. Ernst Klett Verlag, Stuttgart.

Lange, F., Strauß, E., Dobers, J. (1973): Biologie 1. Herrmann Schroedel Verlag, Hannover.

<u>Herkunft</u>

<u>Aufgabe:</u>

Male die Heimatländer der Kartoffel mit rot an. (Atlas S. 168)
Zeichne einen Pfeil von der Heimat der Kartoffel bis nach Spanien.
Male die Länder, in denen die Kartoffel heute angebaut wird, blau an.

Bild Weltkarte in s/w mit Ländern bitte selbst einfügen.

z.B. von hier: http://www.meine-weltkarte.de/inspiration-1/

Die Heimat der Kartoffel ist Peru und Bolivien in Südamerika.
Die Kartoffel wird auf ein Alter von über 3.000 Jahren geschätzt.
Indianer bauten die Pflanze schon sehr früh an.
Erst um 1500 gelang die Kartoffel über Spanien zu uns nach Europa.
Von dort aus verbreitete sie sich in der ganzen Welt.
Heute wird die Kartoffel in vielen Ländern angebaut, z.B. USA, Deutschland,
Russland, China und Indien.

<u>Anbau</u>

<u>**Aufgabe:**</u>

Schneide die Bilder aus und klebe sie in der richtigen Reihenfolge in dein
Heft. Schreibe dann den Text unter das Bild.

Bitte für die 5 Schritte eigene
Bilder, z.B. aus dem Internet
verwenden.

Wie man beim Anbau vorgeht:

1.) Ab Mitte Mai zieht man mit der Hacke 20 cm tiefe Furchen in den Boden.

2.) In die Furchen legt man im Abstand von 30 cm eine Kartoffelknolle.
   Sie wird mit Erde bedeckt.

3.) Nach 3 Wochen erscheinen die ersten grünen Triebe.

4.) Man häufelt von Zeit zu Zeit die Erde um die Pflanzen auf, damit die
   unterirdischen Ausläufer viele Kartoffelknollen bilden können.

5.) Wenn die Blätter welken, werden die Frühkartoffeln geerntet.
   (Juli/August)

<u>Pflanze</u>

<u>**Aufgabe:**</u>

Fülle den Lückentext mit den fehlenden Begriffen aus.

Male die Pflanze in den richtigen Farben an. (Buch S. 131)

Blüte ————————

Frucht ————————

Blätter ————————

Bitte eigene Zeichnung einer Kartoffelpflanze verwenden.
z.B. von hier:
http://r-romeo.de/kartoffel2/botanik_der_kartoffelpflanze.htm

Knollen ————————

Mutterknolle ————————

Im Frühling legt man die dicke ________________ in die Erde und bedeckt sie damit. Unter der Erde bilden sich aus der Sprossachse heraus Verdickungen, so genannte __________ . Oberhalb der Erde wachsen viele Zweige mit grünen __________ . Ganz oben an der Pflanze befindet sich die __________ und die __________ .

<u>Vorkommen</u>

<u>**Aufgabe:**</u>

Schneide das Memory aus und ordne den richtigen Begriff dazu.

Klebe es in dein Heft.

Schreibe weitere Beispiele auf, wo Kartoffeln in deinem Leben vorkommen.

Bitte für die 6 Speisen eigene Bilder verwenden, z.B. aus dem Internet verwenden.

Kartoffelauflauf	Pommes Frites	Bratkartoffeln
Kartoffelsalat	Salzkartoffeln	Kartoffelbrot

BEI GRIN MACHT SICH IHR WISSEN BEZAHLT

- Wir veröffentlichen Ihre Hausarbeit,
  Bachelor- und Masterarbeit

- Ihr eigenes eBook und Buch -
  weltweit in allen wichtigen Shops

- Verdienen Sie an jedem Verkauf

Jetzt bei www.GRIN.com hochladen
und kostenlos publizieren